像能源专家一样思考

[英]希尼·索玛拉/著 [波]露娜·瓦伦丁/绘 罗会仟/译

浙江教育出版社·杭州

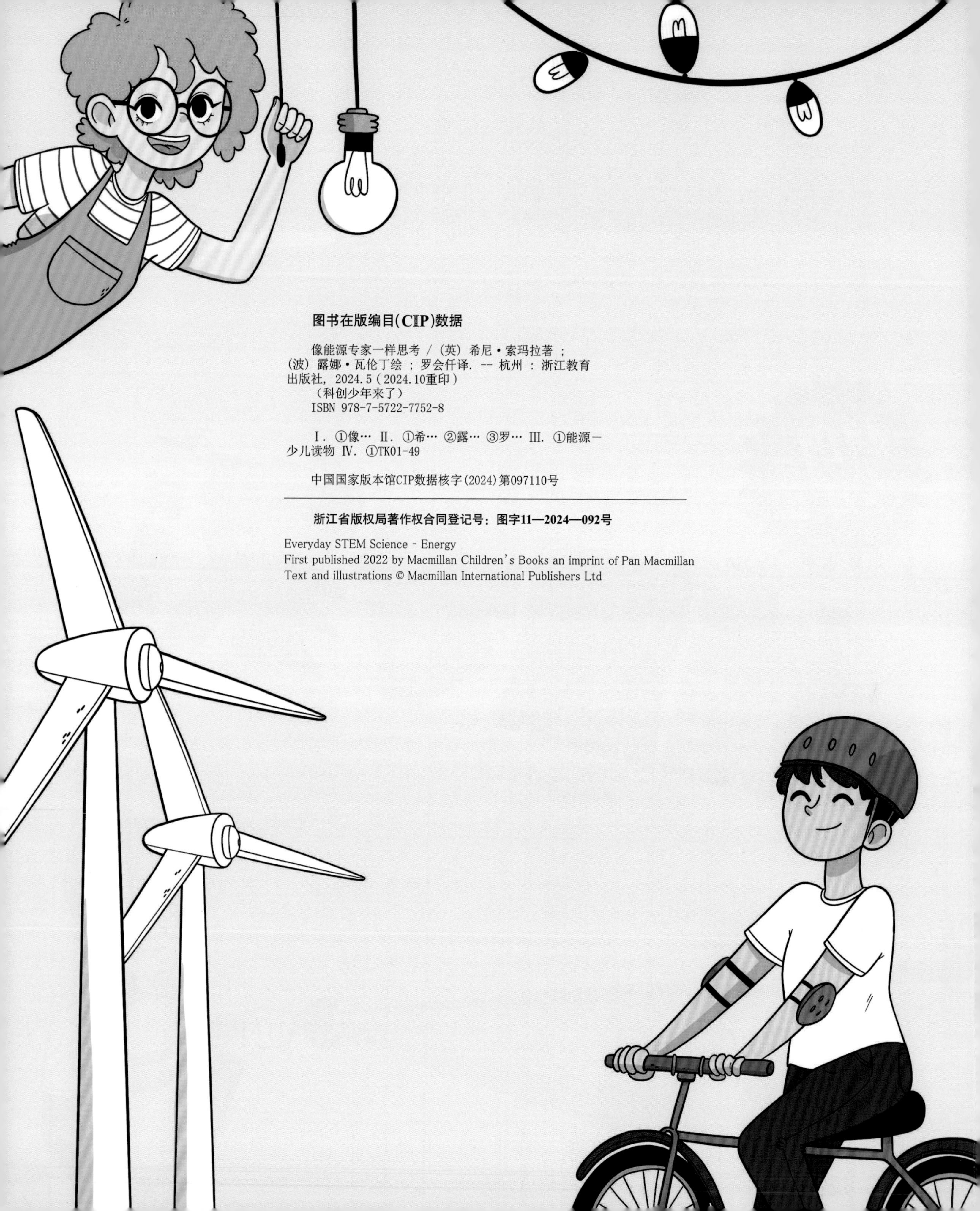

图书在版编目(CIP)数据

像能源专家一样思考 / (英) 希尼・索玛拉著 ;
(波) 露娜・瓦伦丁绘 ; 罗会仟译. -- 杭州 : 浙江教育
出版社, 2024.5 (2024.10重印)
（科创少年来了）
ISBN 978-7-5722-7752-8

Ⅰ. ①像… Ⅱ. ①希… ②露… ③罗… Ⅲ. ①能源—
少儿读物 Ⅳ. ①TK01-49

中国国家版本馆CIP数据核字(2024)第097110号

浙江省版权局著作权合同登记号：图字11—2024—092号

Everyday STEM Science - Energy
First published 2022 by Macmillan Children's Books an imprint of Pan Macmillan

目录

什么是能量？

一个人或物体有能量时，就具有做某些工作的本领——既包括那些相对困难的工作（如满载学生的校车上坡），也包括那些轻松的工作（如睡觉）。任何正在运动、变化甚至单纯存在着的人或物体都有能量，拥有的能量越多，能做的工作就越多！

做功的本领

我们整理房间需要能量，起重机搬运重物需要能量，电脑工作也需要能量。使人、起重机、电脑具有做功本领的能量分别来自食物、汽油和电力。

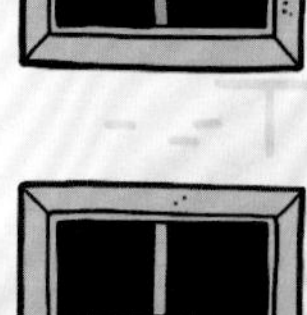

能量的形式

任何物体以某种方式运动或变化的过程都要消耗能量。宇宙中有许多形式的能量，如电能、化学能、光能、声能等。不同的能量形式在不同的场景下发挥着作用，维持着宇宙的运转。

许多时候，能量会从一种形式转化为另一种形式。在木材燃烧的过程中，化学能被转化为热能，烘烤出美味的比萨。

和木材一样，汽油燃烧时也会释放能量。给摩托车加油，就能为它提供能量，使它运动起来。

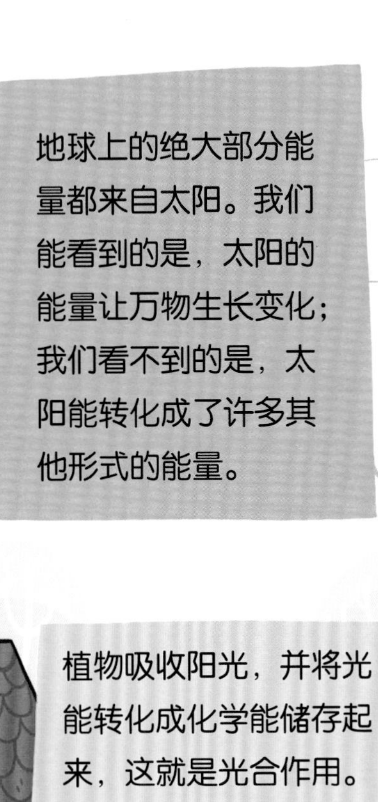

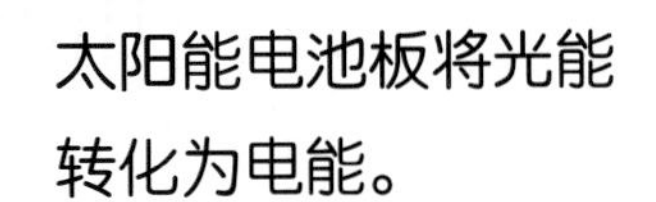

植物吸收阳光，并将光能转化成化学能储存起来，这就是光合作用。

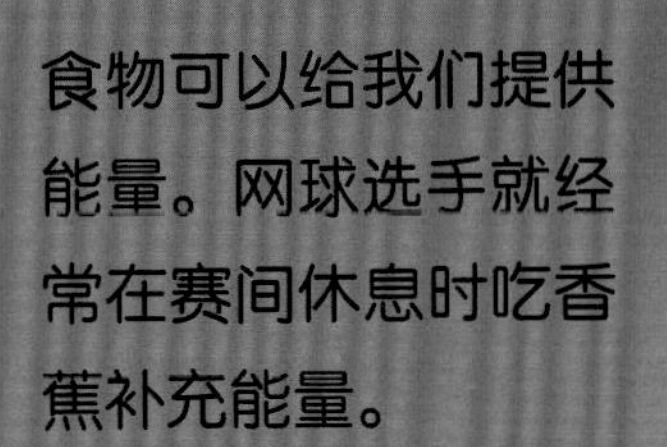

热能确实是一种非常有用的能量。想想看，你的生活中有哪些场景需要用到热能呢？

能量守恒

宇宙中的能量总是守恒的，既不会凭空产生，也不会凭空消失。换句话说，能量总是从一种形式转化为另一种形式，或从一个物体转移到其他物体，但宇宙的能量总和是不变的。

动能

物体由于运动而具有的能量叫作“动能”。动能的大小取决于物体的质量和运动速度。不同形式的能量，如太阳能、化学能或重力势能，都可以转化为动能。

要想使一辆装满东西的购物车和一辆空购物车以相同的速度前进，前者就要比后者具有更多的动能，这意味着推重购物车的人需要做更多的功，即用更大的力气推。

已知一罐豆子比一袋饼干重，如果它们从同一层货架上掉下来，那么豆子获得的动能会更大。豆子的动能可能会让罐子摔坏或在地上砸出一个小坑。相比之下，由于饼干很轻，它的动能造成的破坏可以忽略。

风的动能

物体之所以被风吹得到处跑，是因为风赋予了它们动能。风力发电机通过捕获风的动能来发电，发出来的电可以立即使用，也可以储存在蓄电池中以备后用。

势能

势能是一种储存在物体之间或物体内部，随时可以释放出来的能量。它有多种形式，如电池中的化学势能、将要下落的物体中的重力势能和弹簧中的弹性势能等。

以下是我们在日常生活中使用势能的例子。

重力势能　　重力加速度

$$E_p = mgh$$

质量　　高度

重力势能

重力势能是物体因为重力作用而具有的能量，其大小由物体的高度和质量决定。一个物体离地表的垂直距离越大，其势能就越大；高度一定时，质量越大的物体重力势能越大。当物体掉落时，其重力势能会瞬间转化为动能。

电池内部的化学物质发生反应，释放出化学势能。

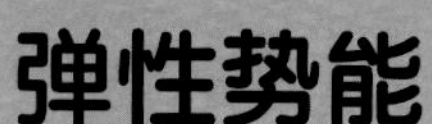

化学势能

化学势能是储存在组成物质的原子或分子之间的能量。汽油和木材之所以能用作燃料，就是因为它们具有大量的化学势能，这些势能会在燃烧时释放出来。

弹性势能

弹性势能是发生弹性形变的物体各部分之间具有的能量。如果我们用力拉伸皮筋，储存在其中的能量会在我们松手时将物体弹射出去，皮筋的弹性势能在这时转化成了物体的动能。

克里斯蒂娜·兰普－奥内鲁德（1967—）

首个锂离子电池发明于 20 世纪 70 年代。与普通碱性电池不同，锂离子电池是可以充电的，因此被广泛用于手机、电脑和其他电子产品中。接下来我们要分享一位科学家努力改进锂离子电池的故事。

克里斯蒂娜·兰普－奥内鲁德出生于瑞典。她从小就热爱科学，在乌普萨拉大学获得化学博士学位之后成了一名科学家。

兰普－奥内鲁德在工作中加深了对锂离子电池的了解，并创办了自己的锂离子电池公司。

为了开发更加小巧、能储存更多能量的锂离子电池，兰普－奥内鲁德带领她的团队测试了许多新材料。

除了兰普－奥内鲁德，还有许多科学家在努力让电池变得更小、更轻并且功率更高！

如今，锂离子电池已经广泛应用于电动汽车，并且车用锂电池技术发展迅速。

功率和能量

要改变或移动物体就需要做功或消耗一定的能量。将重物搬上一段楼梯，无论你是慢慢搬还是快速地搬，所需的能量或所要做的功都是一样的。慢慢搬和快速搬的区别在于功率：如果你可以在更短的时间内完成相同的工作，就意味着你的功率更大。

$$P = \frac{W}{t}$$

P：功率；W：功；t：时间

肌肉力量

高大强壮的动物通常比小动物跑得更远、更快，成人比婴儿力气更大，都是因为前者在单位时间内消耗的能量更多，功率更大。

你知道吗?

在 19 世纪灯泡发明之前，人们主要用蜡烛照明。烛光并不是很亮，因为蜡烛燃烧产生的大部分能量都以热能的形式散失了。

大功率机器

大功率机器在单位时间内所做的功比其他机器更多。例如，大功率水枪非常适合清洁粘在人行道上的口香糖，但对于窗户来说力量就过大了。

合理使用功率

灯泡越亮，就说明其功率越大，相同时间内消耗的电能就越多。大功率照明灯可以照亮舞台或足球场，而小功率照明灯则更适合家用。

蒸汽机的工作原理

蒸汽机能够将蒸汽中的热能转化为机械的动能，因此可以为各种事物提供动力。1765 年，詹姆斯·瓦特对早期蒸汽机做了改进，使其功率更高、用途更广。瓦特改进蒸汽机的意义重大，因此人们后来以他的名字作为功率的单位，即用“瓦特”来衡量功率的大小。

能量转移与转换

能量转移是指能量从一个物体转移到另一个物体。例如，当我们踢足球时，动能从脚上转移到了球上。能量转换则是指能量由一种形式转化为另一种形式。例如，电能转化为洗衣机运转时的动能、灯泡发光时的光能和音响系统播放时的声能。大多数能量的转移和转换都会伴随着热能的变化。

热能

有时我们需要将一种能量转换为热能。例如，电热水壶将电能转换为热能，把水烧开。然而，热能有时会在我们不需要的地方产生。例如，如果手机电池发热厉害，很可能是手机使用过度或出现故障的表现。

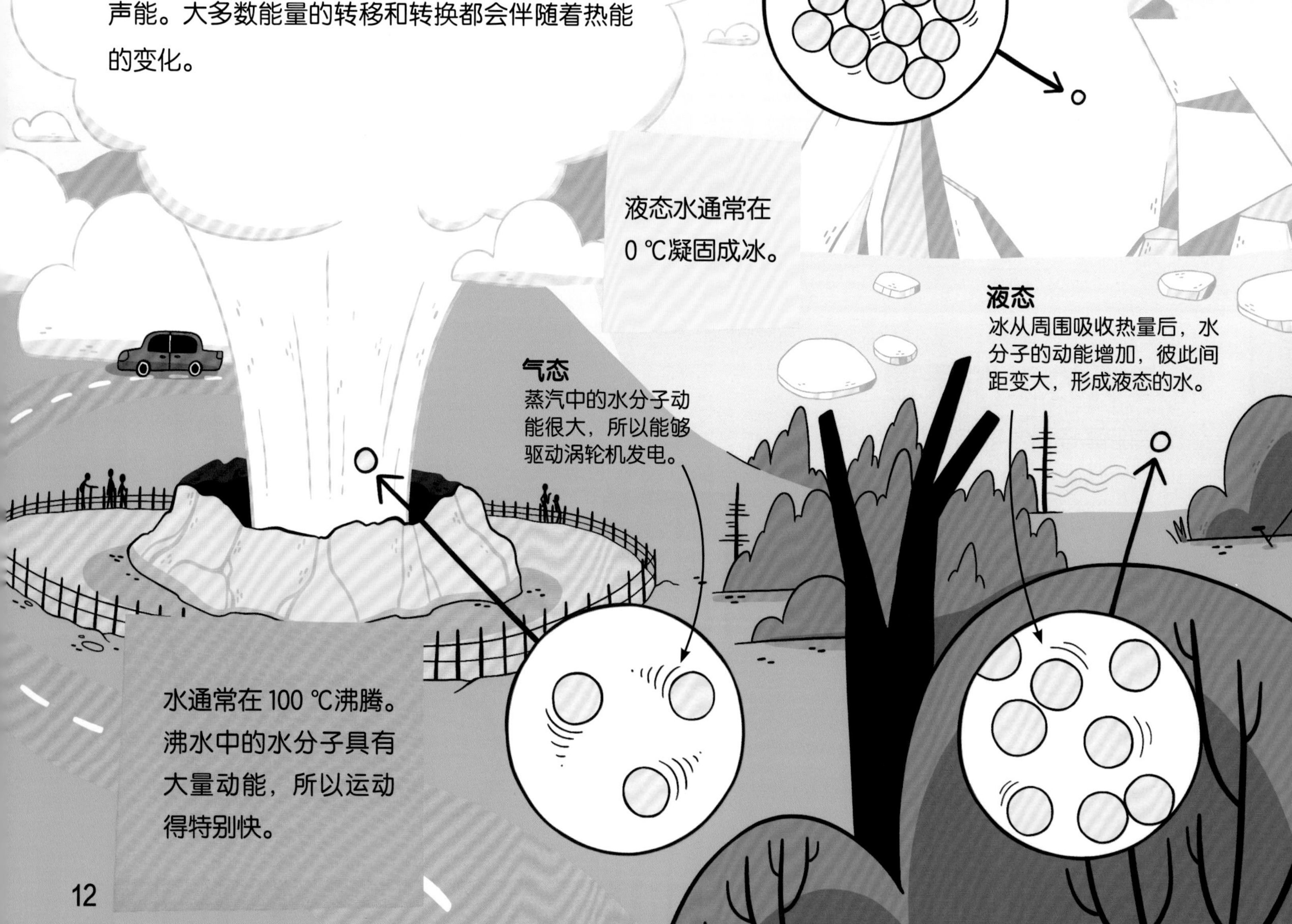

变暖的空气获得动能并上升。

变冷的空气失去动能并下沉。

什么是温度？

温度能够告诉我们物体的冷热程度，以及组成物质的粒子有多少动能。

我们通常用三种温标来表示温度：

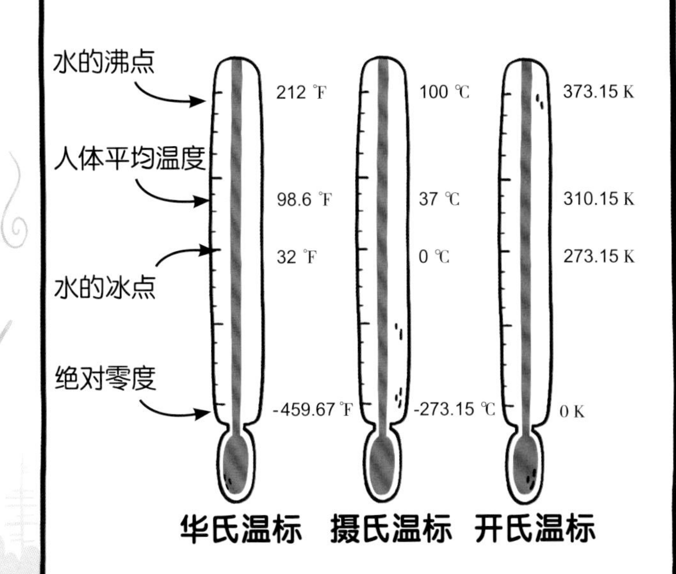

我们身体的平均温度约为 37 ℃。

来回搓手会让手变暖，是因为动能转化成了热能，也就是摩擦生热。

巧克力的融化温度约为 36 ℃，这就是为什么它会在我们的手中或口袋里化掉。

对流

暖空气比冷空气的动能更大，因此更容易膨胀和上升，并且它倾向于向凉爽的地方移动。冷空气的动能较小，因此更容易往下沉。这种因为温度不同而造成空气内部各部分相对流动的过程称为“对流”。

风

温度的差异使空气发生流动。从更大维度来看，当大量冷空气和热空气接触时，就会产生风。温差越大，风的动能就越大。龙卷风比飓风更强，飓风比微风更强。

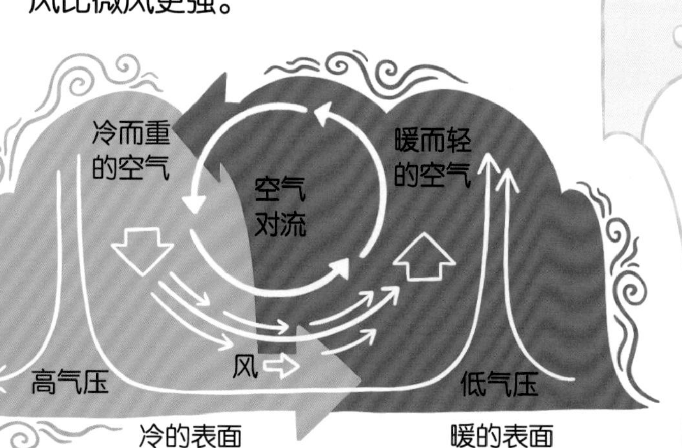

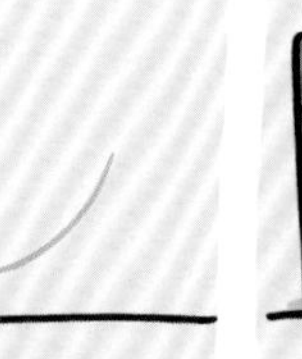

热鸡蛋

自然对流

热鸡蛋

强制对流

强制对流

我们可以使用风扇、吹风机、干手器或自行车打气筒来引导对流，这些设备可以迫使空气向特定方向移动。如上方右图所示，使用风扇可改变热空气的流向，加速鸡蛋的冷却。

湍流

你坐飞机时有没有经历过颠簸？如果经历过，那么你已经感受过强对流，即湍流的影响。

索菲·布朗夏尔（1778—1819）

索菲·布朗夏尔出生于 1778 年。

布朗夏尔是第一位独立驾驶热气球的女性，也是第一位职业女飞行员，她的单飞壮举让许多人钦佩不已。

热气球利用的就是对流原理，燃烧器将热空气吹入气球，使其上升。

不幸的是，1819 年，布朗夏尔成为第一位在飞行事故中丧生的女性，事故的起因可能是燃烧器意外点燃了热气球。

传导

当两个不同温度的物体接触时，较热物体中运动较快的原子会将动能传递给较冷物体中运动较慢的原子。于是，较冷物体中运动较慢的原子加速使该物体变热，较热物体中运动较快的原子减速使该物体变冷，这个过程称为“热传导”。与热传导的原理类似，相互接触的物体之间也能传递电流，发生电传导。

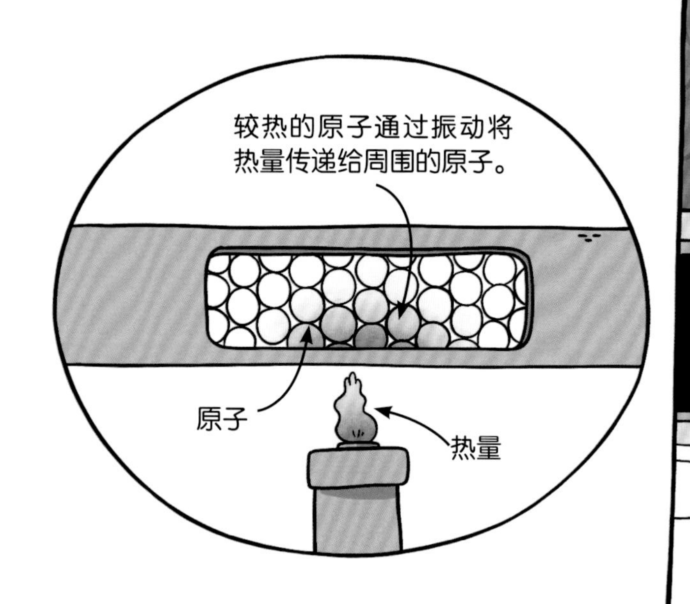

人体

我们的身体内大约 60% 都是水，这意味着人体是电的良导体。所以，雷雨天气你应尽量避免在户外活动！

橡胶

橡胶是绝缘体，或者说是热和电的不良导体。橡胶材质的杯垫能阻止热量从杯子传到桌子。电工在检修电路时戴上橡胶手套，能防止触电。

水

水是电的良导体，因此，千万不要在插座附近玩水，也不要将电器放在靠近水的地方。

电线

导体是能够传导电的物体。金属是电的良导体，这也是大多数电线由金属制成的原因。塑料不容易导电，因此常用来包裹金属导线，这样我们在触摸它们时才不会触电。

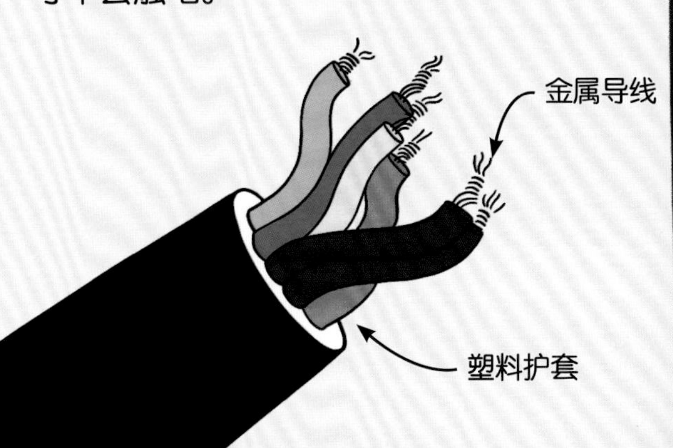

陶瓷

陶瓷导热慢，因此常被用来制作杯子和盘子，这样我们触摸它们时才不会感到烫手。

金属

大多数金属是热的良导体。锅通常由金属制成，这是因为电磁炉或火的热量很容易通过金属传导给食物，完成加热。

热辐射

地球上所有温度高于绝对零度的物体都会发出电磁波，这种现象叫作“热辐射”。物体温度越高，所产生的热辐射强度就越大，我们围着篝火取暖利用的就是热辐射的原理。白炽灯则是将灯丝通电加热到白炽状态，利用热辐射发出可见光的电光源。

红外热成像

温度较低的物体辐射能量较弱，发出的是人眼不可见的红外线。红外热成像可以检测到这种热辐射，并将其转变成我们看得到的颜色。

正常视觉

辐射源释放热量，但我们无法直观看出来它有多热。

红外热成像

红外热成像用不同颜色代表物体的不同温度，其中红色区域温度最高。

对流

液体或气体内部由于各部分温度不同而造成的相对流动。

热传导

热能从温度较高处向温度较低处转移的过程。

热辐射

热以波的形式传播，不需要粒子参与。

热辐射不需要任何介质

热量有三种传递方式——对流、热传导和热辐射。其中，只有热辐射不需要固体、液体或气体介质，这就是太阳光能到达地球的原因。太阳的热辐射在接近真空的太空中传播得非常快。

反射热量

相同温度下，物体表面颜色越深，吸收热辐射的能力越强，发出的热辐射也越多。夏天最好穿浅色衣服，因为它们比深色衣服吸收的热辐射要少。在汽车的挡风玻璃上放置反光板也是出于同样的原因，只有减少热量吸收，才能保持车内凉爽。

绝对零度

在某个温度下，物质中的粒子动能为零，也就是说粒子完全停止运动，不再发出热辐射。这个温度称为“绝对零度”，在摄氏温标下，它等于 -273.15 ℃。有两位科学家为人类理解绝对零度做出了巨大贡献。

纪尧姆·阿蒙顿
（1663—1705）

阿蒙顿是一位从未上过大学的法国发明家。1702 年，他提出了绝对零度的概念。在做了很多与气温有关的实验后，他估算绝对零度在 -240 ℃左右。阿蒙顿的估算非常接近约 150 年后才被发现的实际值！

威廉·汤姆孙
（1824—1907）

这位苏格兰 - 爱尔兰物理学家更为人所熟知的称呼是开尔文勋爵。1848 年，他提出了适用于所有物质（而不仅仅是针对空气）的热力学温标。为了纪念他，这种温标又称“开尔文温标”。热力学温标以绝对零度作为计算起点。

化石燃料

地球上绝大部分的能量都来自太阳。太阳的能量让动植物得以生存，当它们死亡后，遗体会被分解。遗体的一部分保存下来，经过数百万年的漫长积累，形成了厚厚的沉积岩，我们称之为“化石燃料”。化石燃料主要包括三种——煤、石油和天然气。它们含有大量的化学势能，可以用来做饭、取暖和发电。但是地球上的化石燃料总量有限，终有用尽的一天。

煤是怎样形成的？

几千万年前，地球被森林覆盖，恐龙等动物是这里的霸主。

当这些动植物死亡后，它们的残骸保存下来。

动植物残骸被层层覆盖和挤压。

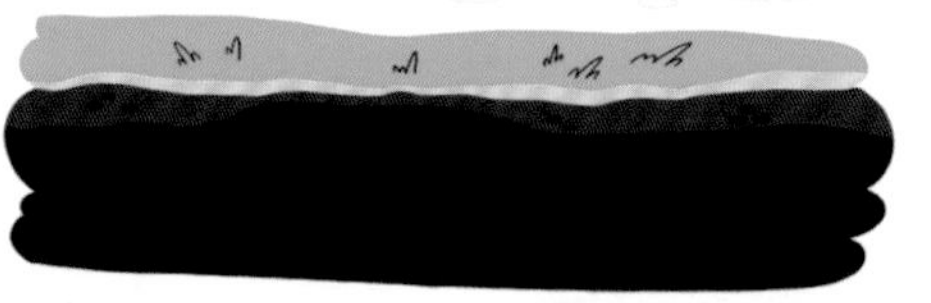

随着时间的推移，残骸在温度和压力的作用下变成了煤或石油。

开采化石燃料

煤是一种深埋在地下的固体燃料，石油和天然气则主要分布在海底的岩层中。工程师使用大型工程设备钻到地球深处获取化石燃料，并将它们带到地表供人们使用。

煤矿工人在地下隧道中工作，将煤从地下深处挖掘出来。

对于地表附近的矿层，只需用炸药引爆它上方的表土，就可以露天开采。

石油钻井平台向下钻入海床，将石油和天然气泵入平台，这些燃料随后会被油船运送到陆地。

温室效应

温室能够锁住太阳的热量，保持内部空间温暖。地球的大气层将太阳的热量束缚在地球周围，其作用类似温室，故名“温室效应”。燃烧化石燃料所产生的有害气体进入大气层中，锁住了更多的太阳热量，导致温室效应日益加剧，地球表面温度不断上升、极地冰川融化，进而引起海平面上升。为了减缓全球变暖，科学家和工程师们正在努力寻找更清洁、对环境更友好的能源。

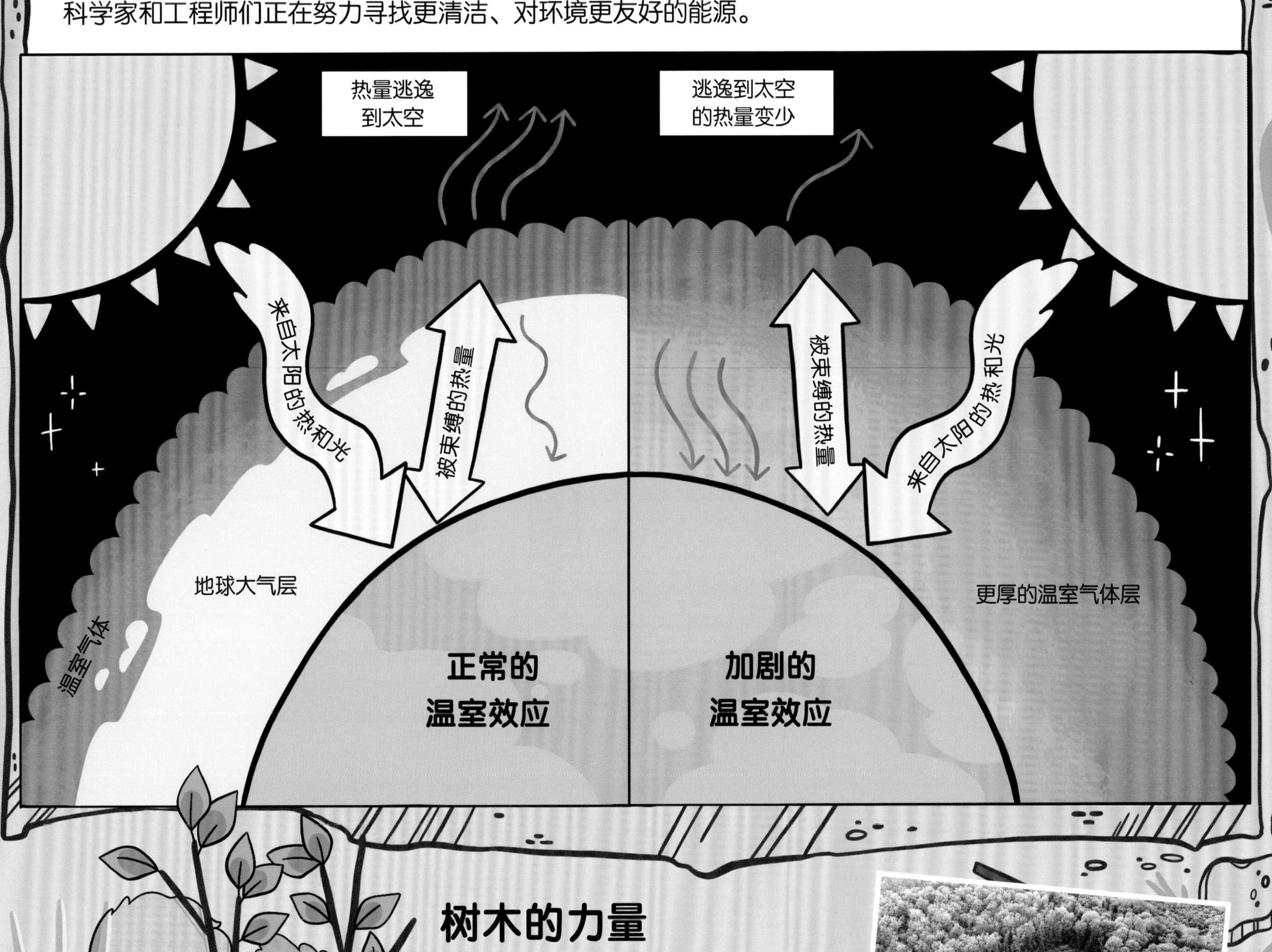

树木的力量

森林吸收二氧化碳（温室气体的主要成分）并释放氧气，有助于缓解温室效应。然而，树木因为可用作燃料和材料而被人类大量砍伐。为了保护我们的地球，我们需要停止乱砍滥伐森林，多种植新树。

可再生能源

可再生能源是可持续利用的一类能源，包括太阳能、水能、风能、地热能等，它们在自然界可以循环再生，取之不尽，用之不竭。作为对环境影响较小的清洁能源，可再生能源的利用方式有很多种。

帆船

帆船上的帆借助风能推动船前进。早在我们发明出强大的发动机之前，水手们就已经使用这种清洁能源航行了。

太阳能电池

太阳能电池采集阳光，将太阳能转化为电能，它们甚至可以在阴天工作。将太阳能电池安装在屋顶上，就能满足家庭的电力和热水供应。

风力发电机

风力发电机将风的动能转化为电能，为许多家庭供电。沿着高速公路行驶时，你可能会看到巨大的风力发电机。

太空中的太阳能电池

我们不只是在地球上使用太阳能电池！“国际”空间站的大部分电力都来自它的 8 个太阳能电池阵列。

你知道吗？

太阳还能燃烧 50 亿年，在此期间它将持续为地球提供光和热。只需用太阳能电池覆盖撒哈拉沙漠 1% 的面积，产生的电能就可以满足整个世界的用电需求。

水能

几千年来，流水一直被人们用来推动机械运转，以完成特定的工作。现在的水力发电站就是利用流水的动能推动水轮机运转，再将水轮机的机械能转化为电能，完成发电的。

玛丽亚·泰尔凯什（1900—1995）

玛丽亚·泰尔凯什出生于匈牙利，长大后在布达佩斯大学获得物理化学博士学位。她在 20 世纪 40 年代设计了首个家用太阳能供暖系统，该系统后来被用在了由她设计的多佛太阳屋上。泰尔凯什在太阳能领域做出的贡献为她赢得了“太阳女王”的美称。

太阳能电池阵列

如今，我们利用太阳能电池将光能转变为电能的技术已经非常成熟，就连阴天也不影响发电。但太阳能发电也有一定的局限性，毕竟太阳能电池板的铺设需要占用大量空间。针对这一问题，科学家和工程师们已经找到了解决方案：将巨大的太阳能电池阵列建造在沙漠中或海上。

沙漠光伏电站

能收集多少太阳能，取决于有多少块太阳能电池板，而且这些电池板最好安装在阳光最强的地方，例如沙漠中。中国作为光伏发电量全球领先的国家，其最大的沙漠光伏电站之一位于内蒙古库布其沙漠中，那是一座由 19.6 万块太阳能电池板组成的骏马图形的发电站。

海上光伏电站

当陆地上没有地方放置太阳能电池板时，还可以把它们放在哪里？放在海上！不过，在海上放置太阳能电池板并不容易。海水里的盐会腐蚀电池板，因此维护成本比陆地上的光伏电站更高。但最大的挑战来自水的运动，为了应对恶劣天气下汹涌的海浪，漂浮式太阳能电池板的结构必须是张拉整体式的。

张拉整体式结构

这个概念是由美国著名建筑师富勒提出的。张拉整体式结构能随环境变化调整自身的拉伸和压缩状态，从而达到稳定自平衡。

打印太阳能电池

澳大利亚的科学家和工程师们正在研究如何利用 3D 打印技术，通过将太阳能油墨直接打印在塑料上，生产出任意尺寸、任意形状的太阳能电池。3D 打印电池不仅成本低廉，而且可塑性强。这让我们对太阳能在未来的应用充满期待！

核能

原子是构成物质的基本微粒之一，由原子核和绕核运动的电子组成，而原子核又由质子和中子两种粒子组成。当原子核内的粒子分布发生变化时，就会释放出一种非常强大的能量——核能。核能发电的原理与火力发电类似，即通过核反应产生的热能把水加热成蒸汽，再由蒸汽驱动涡轮机产生电能，为家庭、学校、办公室和工厂供电。

原子内部

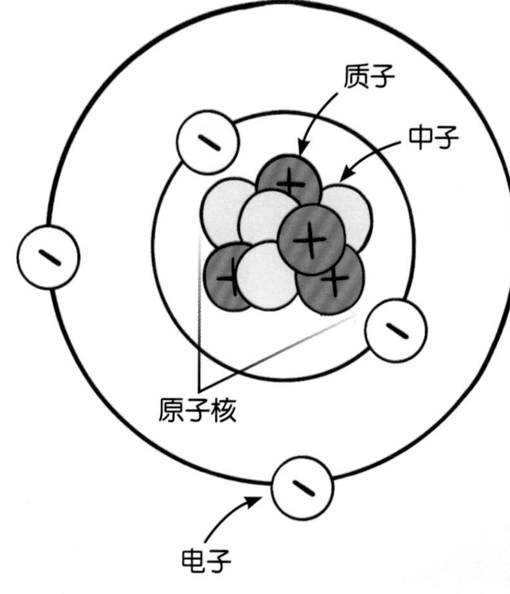

核裂变

核裂变是原子核分裂并释放巨大能量的过程，核电站的能量通常来自铀原子核的裂变。核裂变在产生能量时不排放温室气体，因此比燃烧化石燃料更清洁环保。但核能也有缺点，其中最明显的是参与反应的元素具有很强的放射性，如果不能妥善处理和储存它们，就会对我们的健康和环境造成严重的危害。

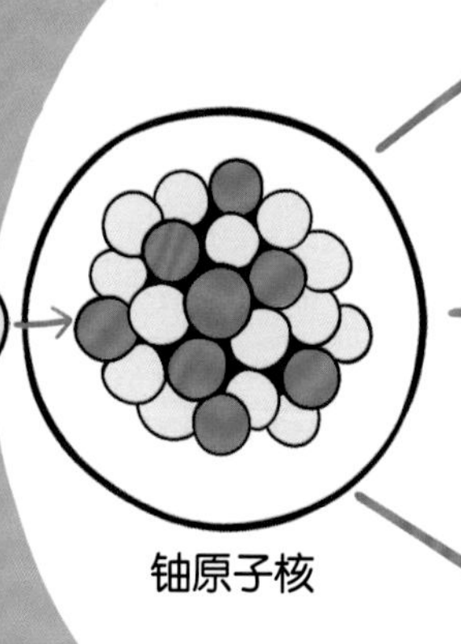

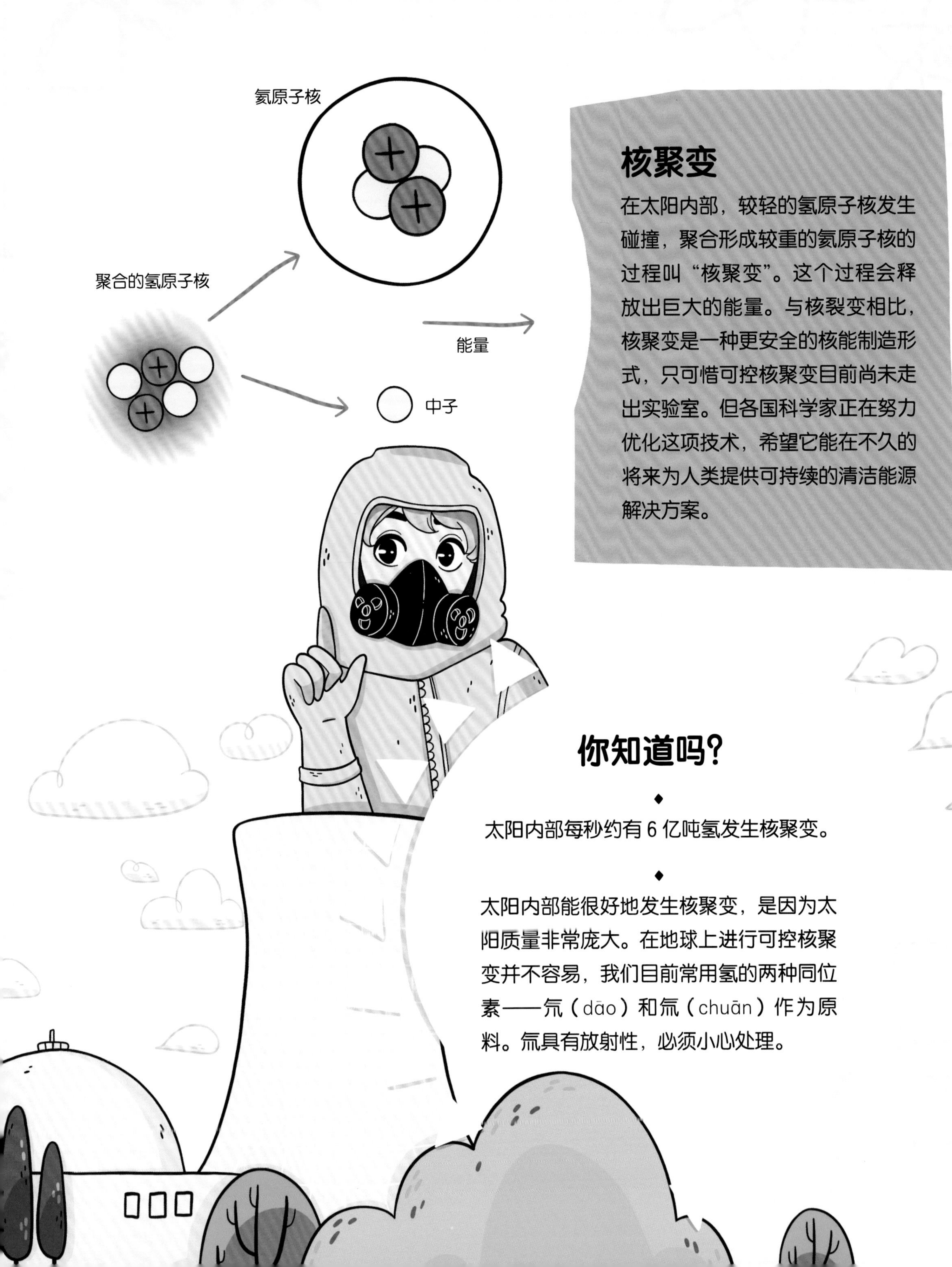

核聚变

在太阳内部，较轻的氢原子核发生碰撞，聚合形成较重的氦原子核的过程叫“核聚变”。这个过程会释放出巨大的能量。与核裂变相比，核聚变是一种更安全的核能制造形式，只可惜可控核聚变目前尚未走出实验室。但各国科学家正在努力优化这项技术，希望它能在不久的将来为人类提供可持续的清洁能源解决方案。

你知道吗？

◆

太阳内部每秒约有 6 亿吨氢发生核聚变。

◆

太阳内部能很好地发生核聚变，是因为太阳质量非常庞大。在地球上进行可控核聚变并不容易，我们目前常用氢的两种同位素——氘（dāo）和氚（chuān）作为原料。氚具有放射性，必须小心处理。

地球内部的能量

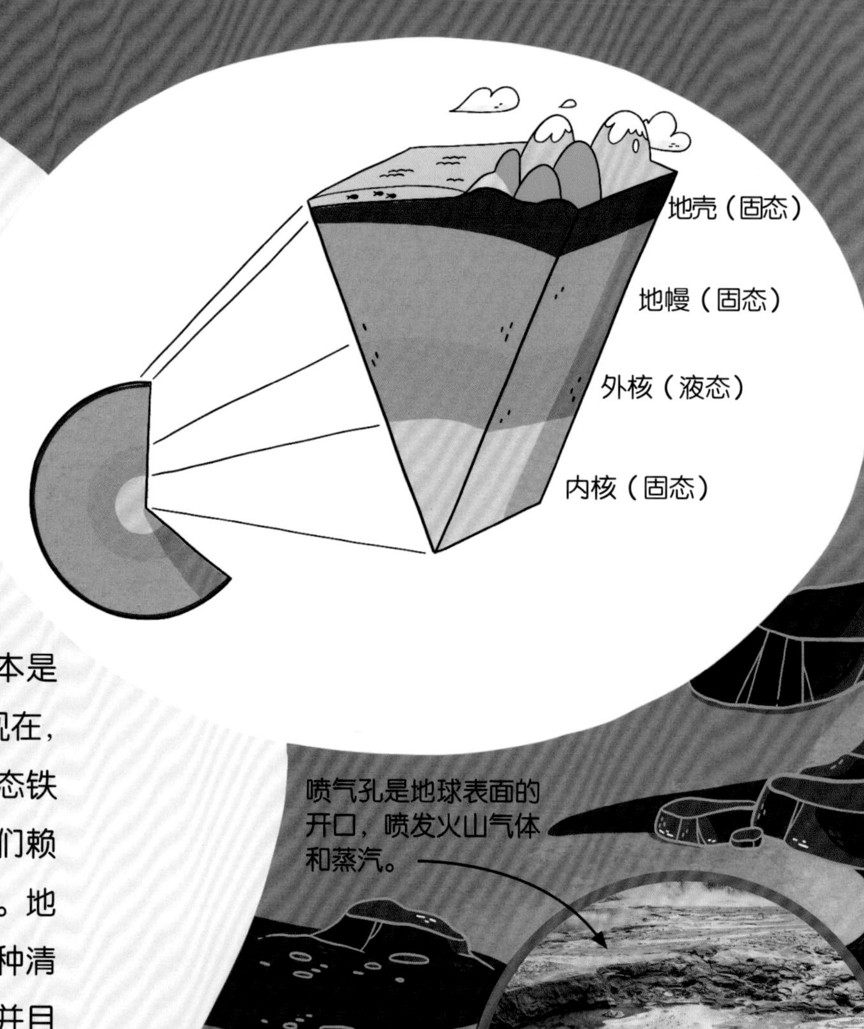

约 46 亿年前，刚刚形成的原始地球基本是液态的。从那时起，它一直在冷却和凝固。现在，如果我们把地球切开，就会发现它有一个固态铁内核和一个液态铁外核。而地壳，也就是我们赖以生存的部分，是地球各圈层中最薄的一层。地球内部蕴含巨大的热量——地热能，作为一种清洁可再生的能源，地热能已经被用于发电，并且受到了越来越多的关注。

喷气孔是地球表面的开口，喷发火山气体和蒸汽。

地热现象

很多自然现象都能证明地球内部存在热能。除了火山喷发出的红色熔岩（高温熔化的液态岩石），间歇泉、喷气孔等现象也向我们展示了地球内部热能从地壳逸出的过程。

间歇泉是每隔一段时间喷发一次的温泉。

火山喷发

冰岛

冰岛是世界上最活跃的火山地区之一。由于其地热比较靠近地表，冰岛人常用地热洗澡、取暖和发电。也因此，他们使用的化石燃料比世界其他地区都少。

地热电站

地热将水转化为蒸汽，继而推动涡轮机发电。在世界上的一些地方，地热能并不那么容易获得，人们必须将开采设备钻入很深的地下才能将其抽取出来。

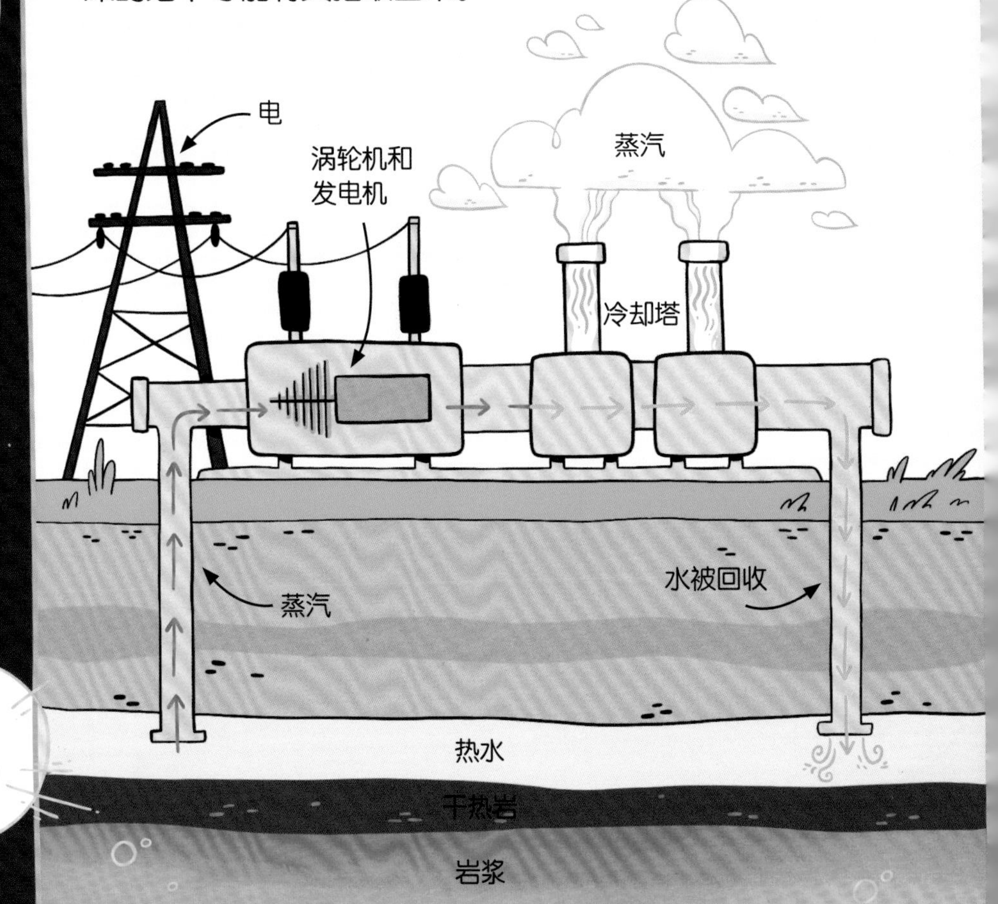

你知道吗？

人类使用地热能已有上万年的历史。早在一万年前，地热就被用于烹饪了，古希腊人和古罗马人则使用温泉水洗热水澡。现在，地热发电几乎可以用于任何事情！

未来地球

科学家预言：一旦地核完全冷却，地球的大气层可能会变得像火星一样稀薄，地球上不再会有火山喷发和地震。到那时，生命将很难在地球上生存。不过别担心，这一天估计几十亿年后才会到来！

电能

电能本质上是一种动能，因为电是由电子的运动带来的。电能既存在于电路中，也存在于自然界中。当大量电子在空气和地面之间流动时，就会产生闪电。科学家们花了百余年的时间来了解如何制造和操控电能，现在我们才能在家里、学校、办公室甚至户外随时随地使用电。没有电，我们的生活会大不相同。

电路

要产生电流，就必须有电路。电路中的金属导线将电池、开关和灯泡等元件连在一起，当电流沿着金属闭环流动时，灯泡就会发光。如果电路出现断路，电流就无法在其中流动，灯泡就不会发光。开关的作用就是按需接通或切断电流，从而打开或关闭电器。

静电

通常状态下，原子中质子带的正电荷与电子带的负电荷电量相同，所以原子整体上呈电中性。如果两个物体相互摩擦，电子就会在它们之间发生转移，使失去电子的物体带正电，得到电子的物体带负电，这就是静电产生的原理。材料的绝缘性越好，越容易产生静电。用气球摩擦毛衣，就会产生静电。

伊迪丝·克拉克（1883—1959）

1918 年，伊迪丝·克拉克成为第一位获得美国麻省理工学院电气工程硕士学位的女性。她于 1919 年加入通用电气公司，工作仅两年就成为一名电气工程师，这对当时的女性来说是非常了不起的成就。1921 年，克拉克申请了她的第一项专利——克拉克计算器，一种用于解决电力传输问题的装置。她于 1945 年退休后在得克萨斯大学教授电气工程，成了美国第一位女性电气工程教授。

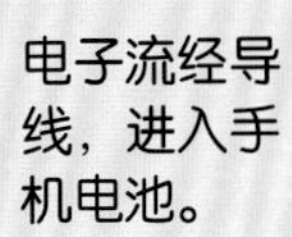

电子流经导线，进入手机电池。

你知道吗？

电塔也被称为“输电塔”，它们遍布全国各地，通过输电线连接彼此。有时这些输电线上挂有彩色球，目的是确保低空飞行的飞机能看到它们。

电池储能

将电能储存在电池中时，电子就具有了势能，即可供将来使用的能量。当你打开手机时，手机就会使用储存在电池中的能量。电池电量不足时，只需将手机充电线插入电源，电子就会流入电池，电子势能再次被储存起来。

能源效率

理想情况下，我们投入到某件事物上的所有能量都能派上用场，但实际情况是：我们投入的能量总有一部分会被浪费掉，而且通常是以热能的形式。科学家和工程师们一直在积极寻找提高能源效率、减少浪费的方法。

能源效率

效率指的是单位时间内完成的工作量，一个人效率高就意味着他在较短的时间内完成了较多的工作。同理，我们也会评估能源的利用效率，即产出的有用能量与投入的总能量之比。能源效率越高，浪费的能量就越少。

家中的能耗

我们的住宅需要大量的能量，其中电能通常用千瓦·时进行衡量，1千瓦·时就是我们说的1度。你可以用1度电烧开10壶水或看6小时电视。因为目前世界上的电能主要来自火力发电，而这种发电方式会产生大量的温室气体，对地球环境造成破坏，所以提高能源效率对地球的可持续发展很重要。

待机模式

待机模式是设备插电但未使用的状态。电视、收音机和洗衣机在待机模式下都会消耗少量能量，造成浪费，因此最好拔掉电源，但必须先征求使用者的许可。

加热和制冷

取暖器和空调都会消耗大量能量。为了减少能量浪费，我们应该在使用这些电器时关好门窗，避免室内空气与外界流通，并在家中无人时及时关掉它们。

灯泡

输入传统白炽灯泡的大部分电能都以热能的形式散失了，能源效率很低。现代照明灯则更高效，能将大部分电能转化为光能。

自来水

加热淋浴和水槽里的水需要消耗很多能量，为避免浪费，我们应该及时关闭水龙头或花洒，尤其是使用热水时。

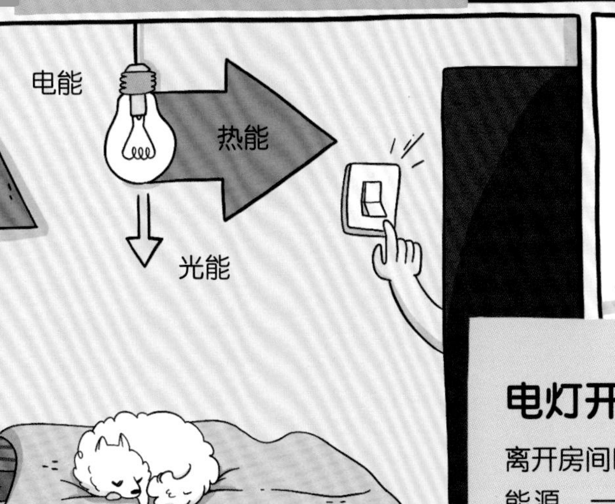

电灯开关

离开房间时随手关灯可以节约能源。一些建筑物装有感应灯，只有在感应到人体释放的热能时才会自动打开。

自然光

白天根本不需要开灯，只要拉开窗帘，就可以让阳光照进房间。并且，阳光中的紫外线具有杀菌、促进钙质吸收、增强免疫力的功能。

能量逃逸

找一找，热能是从哪些地方溜出你家的？注意门下的缝隙或开着的窗户。使用双层窗户既能留住热能，又能屏蔽街道的噪声。

电磁波谱

你见过海中的波浪吗？它们总是在不停地起起伏伏。光也是以波的形式传播的，只不过海波是机械波，而光波是电磁波。不同电磁波所携带的能量取决于它们的波长。

波长

波长就是从一个波峰到相邻的另一个波峰的距离。短波的能量较大，长波的能量较小。

频率

频率是单位时间内波动的次数，其单位是赫兹。

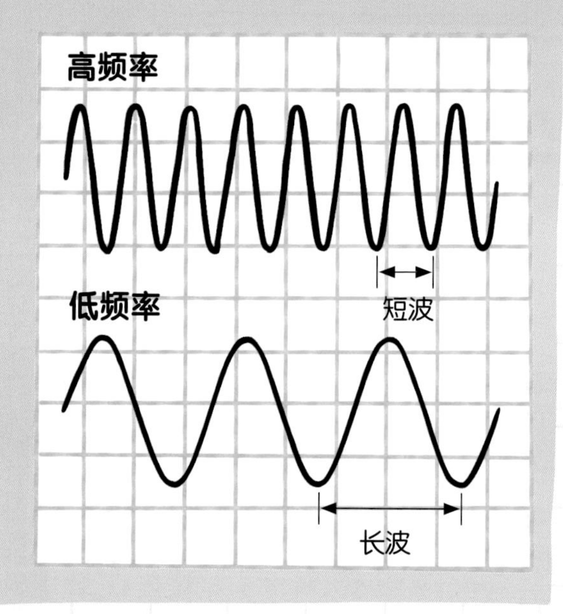

声音

声音和光都以波的形式传播。只不过，声波需要传播介质，并且其波长比光波波长要长。声音的传播速度比光慢得多，这就是为什么我们总是先看到飞机后听到声音，先看到闪电后听到雷声。

电磁波谱按顺序向我们展示了不同波长的波。

波长更长

无线电波用于远距离发送声音或信息。

微波蕴含的动能足以加热剩菜。介于无线电波和微波之间的是Wi-Fi（无线网络），它是我们今天最离不开的东西之一。

红外线虽然不可见，但我们可以感受到其热量。

分光

棱镜常用来观察构成自然光的各色光，白光穿过棱镜时会发生偏折，分成不同颜色的光。

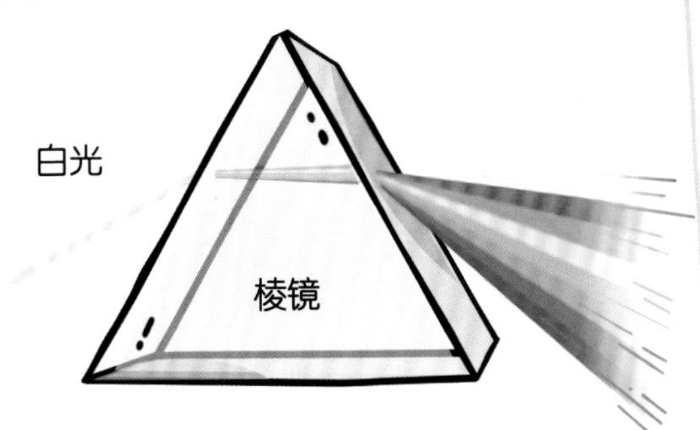

彩虹

雨后，空气中悬浮着很多小水滴，它们就像一个个小棱镜，将白光分成七色光，形成彩虹。

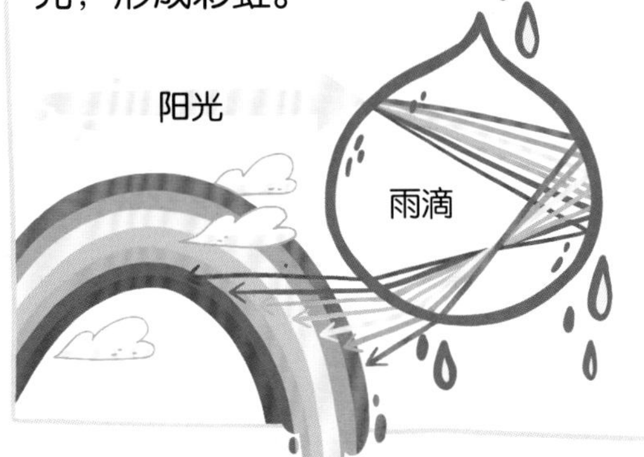

玛丽·居里（1867—1934）

法国著名波兰裔科学家玛丽·居里因在放射性研究方面的贡献而获得诺贝尔物理学奖。在她的指导下，人类开始利用放射性元素治疗癌症。

在第一次世界大战期间，居里夫人倡导用小型便携X射线装置诊断伤情和定位伤员体内的骨折、子弹和弹片，推动了放射学在医学领域的应用。

在居里夫人的发明基础上，现代X光机甚至可以帮助医生看到患者体内的动态画面，例如检查心脏泵血是否正常。

波长更短

可见光是人眼能看到的唯一的电磁波，不同波长的光有不同的颜色——波长最长的是红光，波长最短的是紫光。

紫外线的波长比紫光还短，它能使某些物质在黑暗中发光。

X射线具有的动能足以穿透我们的皮肤，因此常用于检查身体内部的情况。

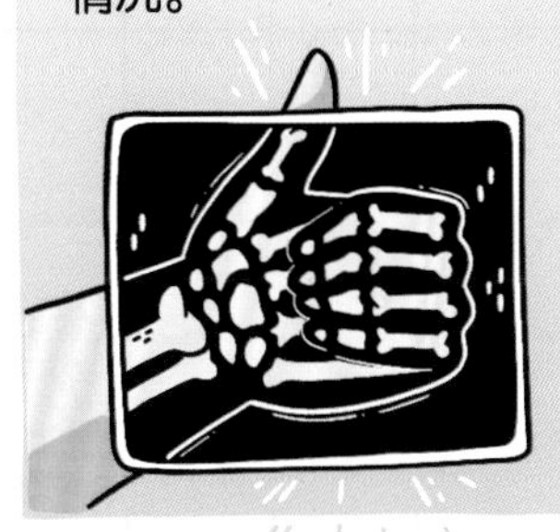

伽马射线可以用来杀死我们体内的癌细胞，但我们必须小心对待这种波长极短的电磁辐射。波长越短，辐射的能量越大，对我们的健康危害也就越大。

保持联络

电磁波可以在旷野中远距离传播，而电话、电视、广播和Wi-Fi就是利用电磁波的这一特点，将声音、图像、文字等信息转化为电信号发送给我们的。多亏了电磁波，远在千里之外的人们才能便捷交流，随时随地保持联络。

切记！

声波不属于电磁波。电磁波可以在真空中传播，不需要介质，而声波必须依靠空气或水等介质进行传播。

19世纪30年代，电报问世，人们利用金属导线发送电脉冲来传递信息的电信时代开启了。到1866年，大西洋海底电缆铺设完成，电脉冲从此得以在欧洲和北美之间传输。

波长较长的无线电波可以用于遥控汽车。

到了1907年，声波和电脉冲可以转换成一系列统称为“无线电波”的电磁波。所有无线电波都可以在空气中传播，这意味着电线和电缆可以被发射塔取代。

海上通信、导航

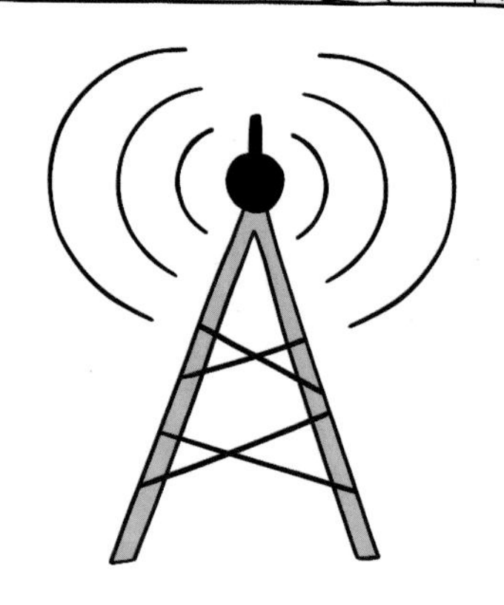

海上通信、导航

调幅广播、航空通信、导航

短波广播

频率	30千赫	300千赫	3兆赫
波长	10千米	1千米	100米

光纤

光纤是一种由玻璃或塑料制成的纤维，利用光发送和接收信息。因为光总是沿直线传播，所以光信号会在光纤内不断反射着向前，直到将电话、电视、广播信号和互联网数据传送到我们的设备上。

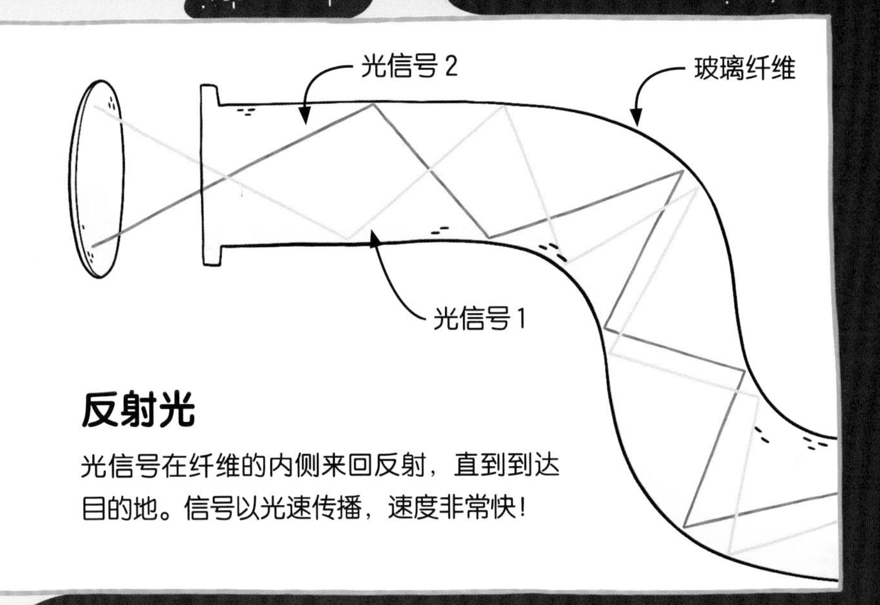

反射光

光信号在纤维的内侧来回反射，直到到达目的地。信号以光速传播，速度非常快！

到了 20 世纪 30 年代，物理学家们已经弄清楚如何将声音、光和电脉冲转换为无线电波，并从发射塔发射它们了，于是电视广播应运而生。

波长较短的无线电波多用于 GPS 和雷达系统，以监测交通或天气。无线电波的波长越短，能量越大，穿透力就越强。

雷达利用无线电波探测目标和测距，常用于交通管制、天气监测和军事领域，其发射出的无线电波在遇到诸如雨水、超速汽车、飞机和船只等物体时会被散射。

卫星电视使用无线电波和微波。微波的波长更短、动能更大，因此可以携带更多信息。电视台将微波信号发射到卫星，卫星再将信号发回地球。

甚高频电视、调频广播

特高频电视、手机、GPS、无线网络、4G、雷达

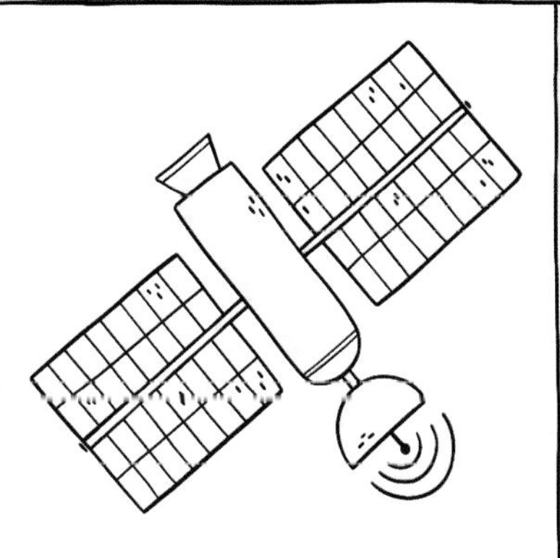

卫星通信

射电天文、卫星通信

300 兆赫	3 吉赫	30 吉赫	300 吉赫
1米	1分米	1厘米	1毫米

无线电波回收

无线电波是电磁波的一种。我们虽然看不见它们，却无时无刻不在使用它们。手机、Wi-Fi、电视、收音机和蓝牙等设备的信号都是通过无线电波传输的。在传输过程中，无线电波的能量会随着距离增加而损耗。那么，应该如何解决损耗问题，提高无线电波的利用率呢？

整流天线

整流天线发明于 1964 年，它能够捕获环境中的无线电波，将无线电信号转为直流电信号，实现从电磁能向电能的转换。整流天线是无线电力传输系统的核心，最初被用于接收由太阳能卫星发送到地球上的能量。

太阳能卫星

太阳能卫星收集太空中的太阳能，然后将能量以微波的形式发射到地球上，这些微波中的能量最终被巨大的整流天线阵列转换为电能。

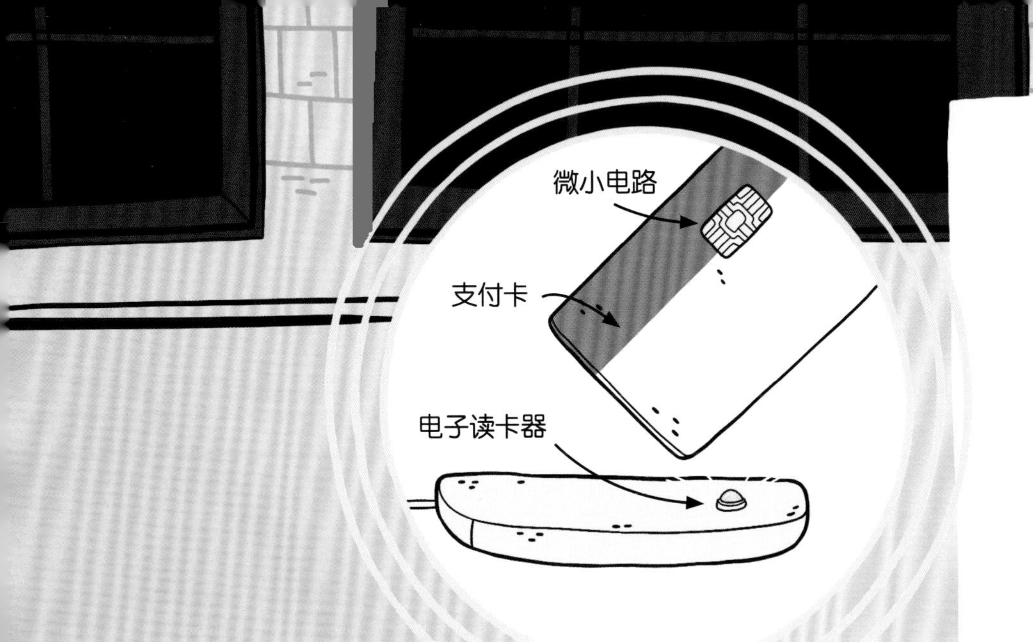

非接触式支付

非接触式支付卡内含一个环路天线和一个微小电路。当这种卡靠近电子读卡器时，就会接收到来自读卡器的无线电波。这些无线电波为卡内的微小电路提供了能量，卡中的电路用该能量将数据传输回读卡器。

未来

未来，我们可以制造出利用小型整流天线实现自我供电的电子产品。将整流天线用于智能手机，就可以回收未使用的无线电波，延长手机电池的续航时间，这样我们就不必再频繁为手机充电了。

压电效应

压电效应是某些材料在被挤压或拉伸时产生电荷的现象，分为正压电效应和逆压电效应两种。“压电”一词起源于希腊语“piezein”，意思是“挤压或按压”。我们生活中的许多东西都用到了压电效应，例如电子表、扬声器、警报器、麦克风、气体打火机和手机上的触摸屏等。那么，它们是如何工作的呢？

无序的晶体

压电晶体是电中性的，也就是说它们内部的正负电荷是平衡的。然而，它们的原子排列非常无序，这对于晶体来说并不寻常。

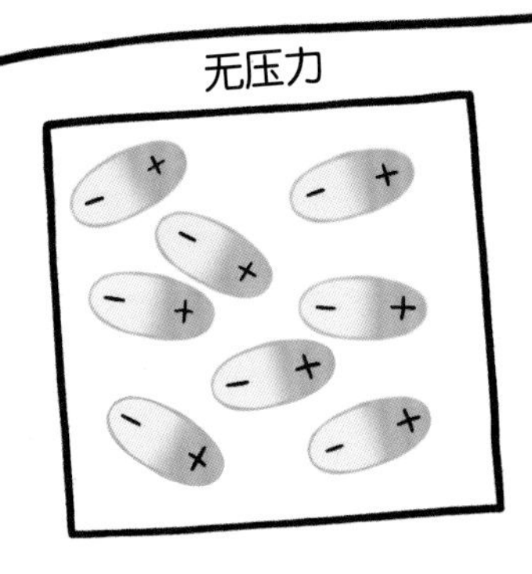

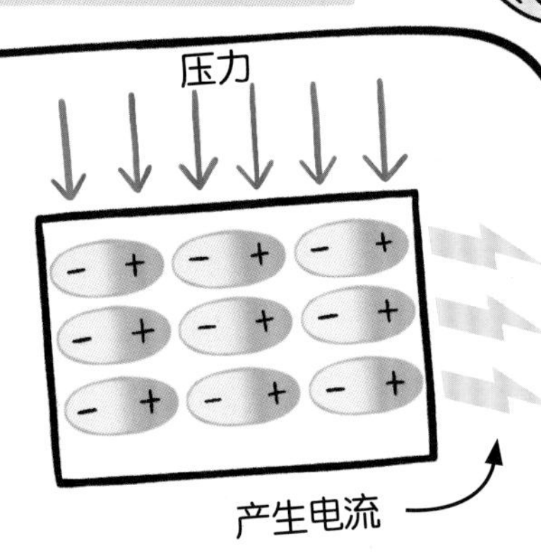

正压电效应

压电晶体受到挤压或拉伸时内部结构发生改变，导致原子移动，正负电荷的平衡被打破。此时，晶体相当于一个小小的电池，一端是正电荷，另一端是负电荷，晶体两端产生电压。如果我们把两端连接在一起形成一个电路，就会出现电流。

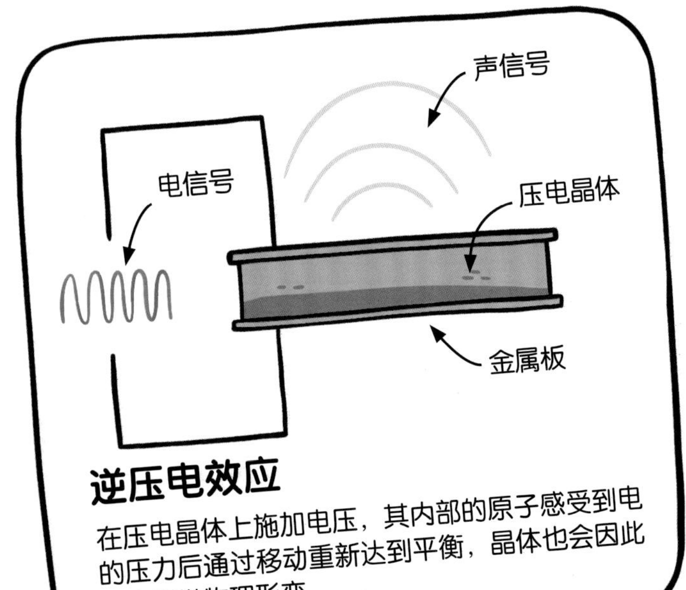

逆压电效应

在压电晶体上施加电压，其内部的原子感受到电的压力后通过移动重新达到平衡，晶体也会因此发生轻微物理形变。

应用

一些打火机使用了压电晶体。当按下打火机上的按钮时，晶体会变形并产生电流。连接晶体两端的电线放电点燃气体，打火机的小火苗就蹿出来了。

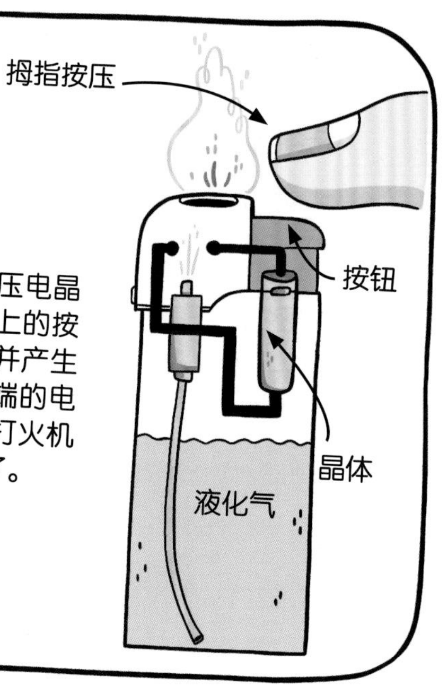

压电的利用

东京地铁

在地面下铺设压电晶体，就可以把人们的动能收集起来转化为电能。日本东京的一座地铁站就靠人们行走的力量为站内灯光和旋转门供电。

声呐

声呐接收器使用压电效应将声波转换为电压。根据声波离开和返回的时间差，声呐可以对水下目标的位置、运动方向进行探测。

舞蹈的力量

荷兰鹿特丹有一家绿色夜总会，舞池地板能够收集顾客舞步的能量，为照明和音响供电。

移动充电

利用压电效应为个人设备充电将来可能成为现实。到那时，你就可以利用自己运动的能量为手机充电啦！

道路供电

将压电技术应用到公路上，就可以将车轮的动能转化为路灯和交通标志所需的电能，弥补汽车尾气对环境的负面影响。如果所有燃油汽车都换成电动汽车，那就更环保啦！

自制电磁铁

动动手吧！

你需要用到：

- 一卷 50 厘米长的金属线
- 一根长铁钉
- 绝缘胶带
- 一个 9 伏的电池
- 一堆回形针、大头针或撕碎的铝箔

冰箱贴是永磁体，所以会一直吸在你的冰箱上。电磁铁则不同，它们的磁性是可以打开或关闭的。在这个实验里，你将利用钉子自制一个电磁铁。

实验步骤：

1. 在金属线的两端各预留约 15 厘米的长度。
2. 避开预留的部分，将金属线中间的部分缠绕在长铁钉上，尽量不要让线重叠。
3. 用绝缘胶带将金属线的两端分别固定在电池的正、负极上。小心电池发热，别被烫着。
4. 你的电磁铁完成了！用它去吸回形针、大头针或铝箔吧！

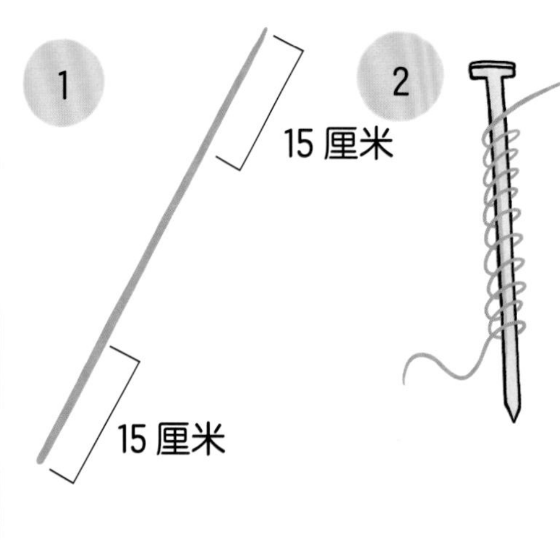

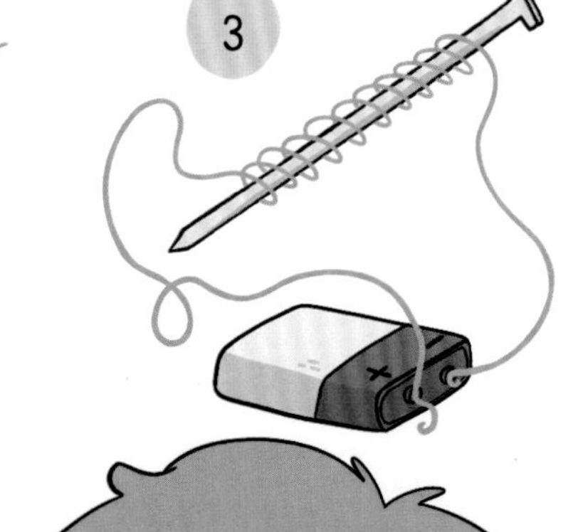

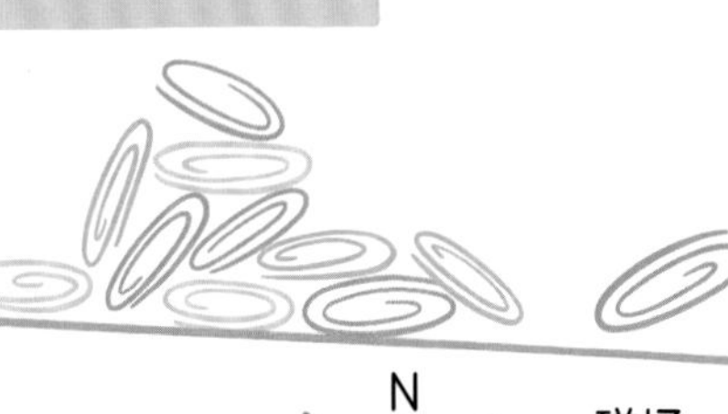

科学原理

流经金属线的电流会影响长铁钉周围的电荷分布，产生磁场。一旦电流断开，磁场就会消失。

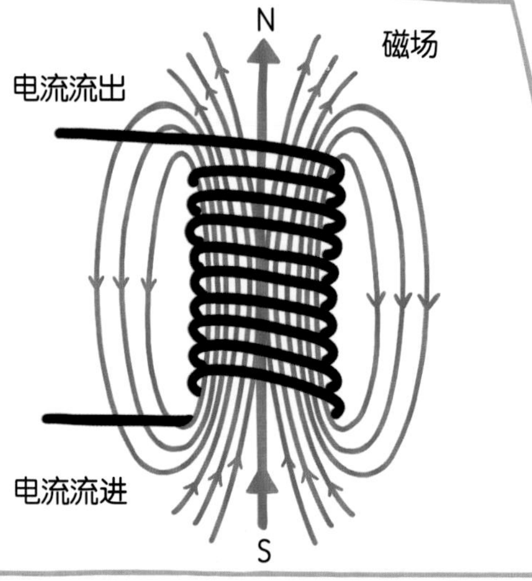

继续探索

试一试，如果换成更大或更小的电池，又或者用更粗的铁钉，结果会怎样？如果增加或减少绕在铁钉上的线圈圈数呢？如果换成其他金属线呢？

静电

静电是处于静止状态的、不流动的电荷。当物体表面的电荷平衡被破坏时，就会积聚静电。以下是制造静电的一种方法。

实验步骤：

1. 把气球吹大并系住，不要让里面的空气跑出来。
2. 用气球快速地摩擦头发或毛衣，在气球表面制造静电。
3. 打开水龙头，注意水流不要太大，调小流速。
4. 将带静电的气球靠近水流，然后观察发生了什么。

科学原理

通过在头发或毛衣上摩擦气球，电子从头发或毛衣转移到了气球上，气球获得电子后就带上了静电。气球可以让水流发生弯曲，是因为水中带正电的质子被气球上带负电的电子吸引了。

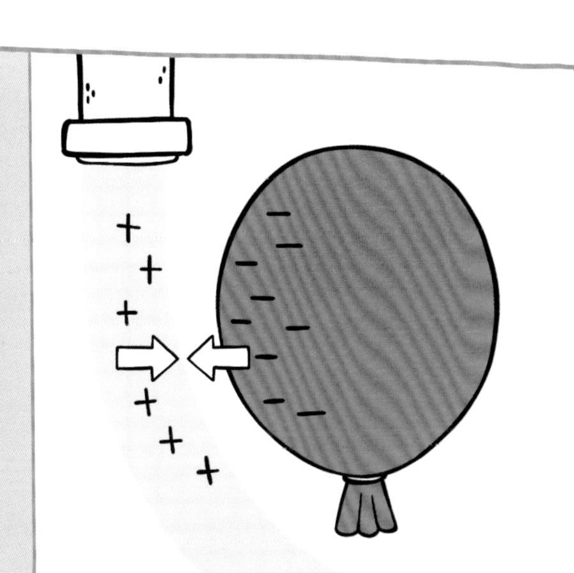

继续探索

你也可以使用气球来打破其他材料中正负电荷的平衡。尝试用它吸起一小块纸屑或铝箔。你成功了吗？

自制彩虹

动动手吧！

白光从一种介质进入另一种介质时，会发生折射并分成不同颜色的光，波长越短的光偏折越大。红光波长最长，因此偏折最小；紫光波长最短，因此偏折最大；其他颜色的光就分布在这两者之间。快来试试把光分解成彩虹吧！

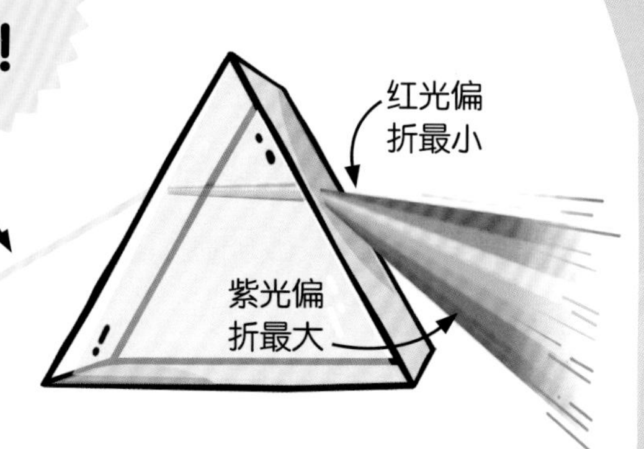

一杯彩虹

装满一杯水，把它放在太阳能够直射的地方，比如窗户前。在玻璃杯远离太阳的一侧放一张白纸，调整玻璃杯与纸的位置，直到在纸上看到彩虹。

用手电替代太阳

用两条绝缘胶带盖住手电筒，中间留一条缝。将一杯水放在桌子边缘，让手电的光穿过玻璃杯，看看是否可以在地板上看到彩虹，你可能需要从不同角度多照射几次才能成功。

七彩陀螺

白光实际上是可见光光谱上所有有色光的混合，你可以通过七彩陀螺来证明这一点。在纸板上裁切出一个圆盘，将其分成七部分，按图中顺序给圆盘涂色。用牙签穿过圆盘中心制成陀螺，快速旋转圆盘就能发现，七种颜色混合在了一起，使陀螺看上去是白色的。

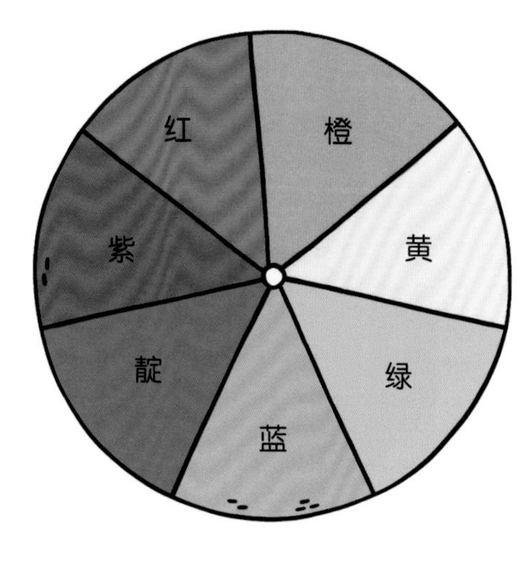

对流

当流体（气体或液体）内部的温度存在差异时，较热的流体上升，较冷的流体下沉，形成对流。下面的实验将展示对流的原理。

动动手吧！

你需要用到：

- 冷水
- 热水（温度越高越好）
- 红墨水
- 滴管
- 带瓶盖的小玻璃瓶

实验步骤：

1. 在透明水缸中倒入足量的冷水。
2. 将小玻璃瓶装满热水，用滴管吸取红墨水滴入其中，盖好瓶盖。小心不要被热水烫伤。
3. 将小玻璃瓶放到透明水缸底部，打开瓶盖，观察发生的现象。

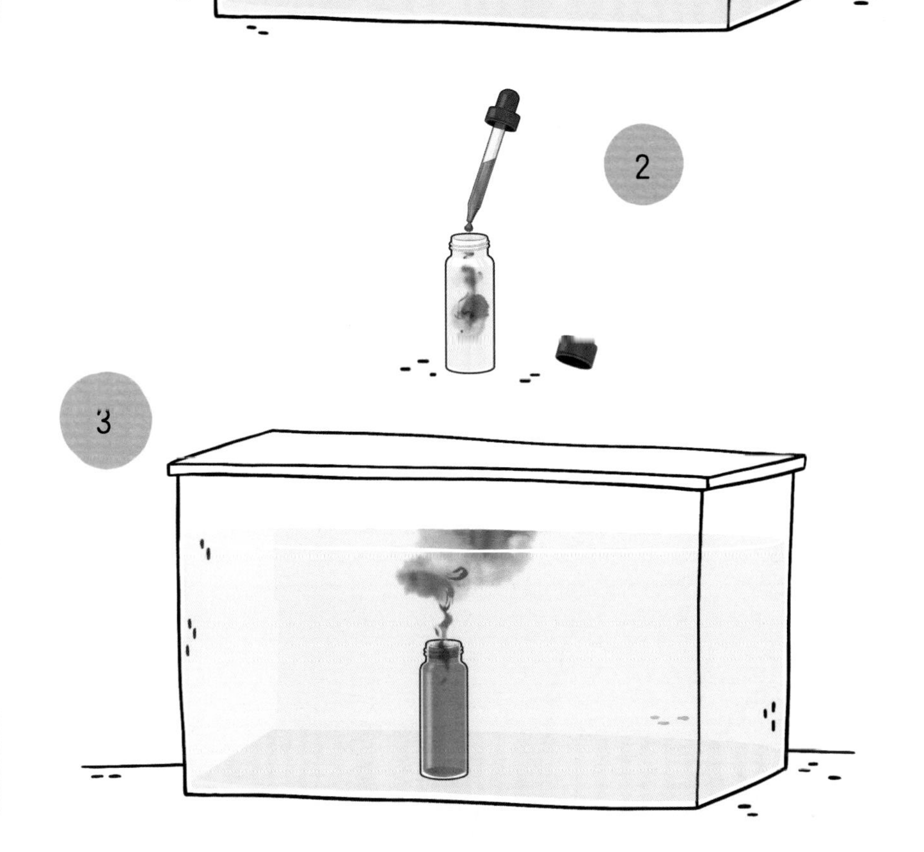

科学原理

红色的热水密度小，往上升，到达冷水顶部后向四周流动，遇到水缸壁后向下流动，直到冷热水混合均匀，水缸微微发热。

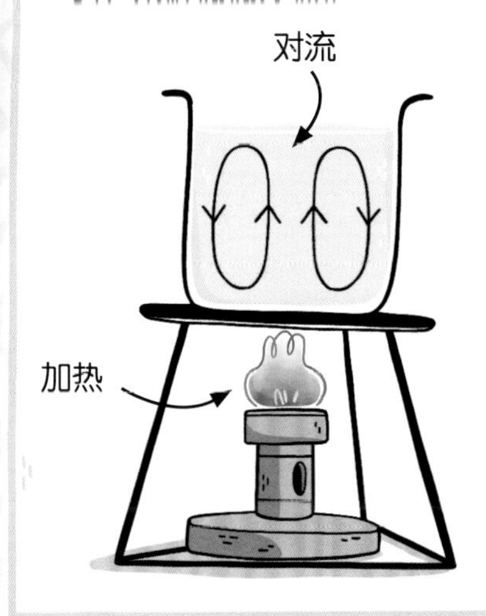

术语表

光合作用

植物、藻类和一些细菌利用阳光中的能量将二氧化碳和水转化为有机物和氧气的过程。它将太阳能转变为化学能。

动能

物体由于做机械运动而具有的能量。

蓄电池

放电后经过充电能重复续用的化学电源。

功率

用来描述做功的快慢程度，或单位时间内转移、转换的能量。

冰点

水的凝固点，即液态水转变成固态冰的温度。

沸点

液体沸腾时的温度。

龙卷风

一种强大的风暴，在云层和地面之间形成柱状气流，速度可达 500 千米 / 时。

湍流

大气中的不规则气流。湍流可能突然发生，并会上下左右移动，与水平方向的普通风不同。

感谢如下素材的授权使用
上 =t，下 =b，中心 =c，左 =l，右 =r

20bl Miguel Sayago/Alamy Stock Photo, 20bc Evgenii Parilov/Alamy Stock Photo, 20br Asia/Alamy Stock Photo; 21br Shotshop Gmbh/Alamy Stock Photo; 18 ivansmuk/iStock Images; 28bl Ikuni/iStock Images,28cr Roksana Bashyrova/iStock Images, 28br Frizi/iStock Images; 29cl JohnnyGreig/iStock Images, 29b dottedhippo/iStock Images; 40 Roy Conchie/Alamy Stock Photo; 24 Franscio Javier Ramos Rosellon/Alamy Stock Photo; 25 GFC Collection/Alamy Stock Photo.

导体

具有大量自由电荷，容易传导电流的物体。

绝缘体

通常情况下不传导电流或热量的物体，可以分为电绝缘体和热绝缘体两种。

绝对零度

理论上能达到的最低温度。在这个温度下，构成物质的分子和原子停止运动，不再具有能量，因而也不存在热辐射。

温室效应

大气层中的二氧化碳、甲烷、水蒸气等气体吸收地表反射的太阳辐射，阻止地表热量散失，从而导致地表温度增高、地球气候变暖的现象。

光伏电站

通过太阳能电池阵列将太阳辐射能转换为电能的发电站。

放射性

某些原子核自发放出波长很短的高能射线的性质。这些射线非常危险。

反应

化学或物理系统中，两个或多个物质在一定条件下相互影响、相互作用，从而使物质发生变化的过程。

无线网络（Wi-Fi）

一种使用无线电波而非电线来发送和接收数据的方法，Wi-Fi 是“无线保真”（Wireless Fidelity）的缩写。

蓝牙

一种借助无线电波短距离传输或接收数据的方式。

电脉冲

电流或电压在短时间内突变，随后又迅速回到初始状态的过程。

作者和绘者

希尼·索玛拉

希尼拥有流体力学博士学位和机械工程一级荣誉学位，如今是一名演讲者和作家，致力于将科学和技术创新带进每个人的生活中。希尼热衷于通过科学实验和技术互动，更新公众对工程的看法。她曾在联合国和 TEDx 发表演讲，并拥有自己的科普播客。

露娜·瓦伦丁

露娜是一名波兰儿童图书插画师，现居英国诺丁汉。她受到科学、自然和民间故事的启发，创造出了幽默、古怪的人物角色。露娜拥有插画硕士学位，与包括阿歇特和麦克米伦在内的多家知名出版社都保持着稳定的合作关系。